中式软装

软装配饰实例解析II

Chinese-style Decoration
Examples and Analysis for Soft Ornaments II

国内知名软装培训机构的
详细案例点评

中装环艺教育研究院 / 编

色彩搭配 · 家具选择 · 软装配饰 · 风格理解

软装设计师提升设计水平的实用学习手册

江苏凤凰科学技术出版社

前言 PREFACE

中式建筑装饰陈设的传承与创新

今天我们谈室内设计，更确切地讲我们应该是为人们营造一个生存环境或者让环境变得更加宜居。居家环境是我们小的生存环境，其实大到城市规划、园林景观、建筑结构，小到室内装饰、软装配饰陈设艺术，都应该是整体化的系统工程；室内设计不应该仅仅停留在室内，也不应该停留在室内的使用功能和装饰功能层面上，当然使用功能是设计的前提也是设计的初衷，如果仅仅停留在使用功能设计基础上，那么我们的设计就会缺少了生命力，所谓一阴一阳谓之道，阳是功能也是形式，而阴却是灵魂，没有了设计的理念和设计灵魂，就像一个身体健壮却没有思想的人。装饰也不能停留在形式的表面上，为了形式而形式，也就失去了形式的意义。那么这种设计也就更难符合中国的传统文化内涵。中式的传统设计也不能仅仅停留在"古建""少数民族建筑"和"传统建筑"上，当然古建、少数民族建筑和传统的建筑是民族建筑不可缺少的重要组成部分，但中式的设计风格更应该体现中国的传统文化、设计理念以及民族的世界观和价值观，既不能全盘西化走所谓的"国际式"而丢掉了传统的设计精髓，也不能全盘复古、仿古；毕竟传统文化代表的是过去，代表过去的人和事物以及过去人们的一种生活方式和行为方式，而今天的设计更应该有前瞻性、预见性，来适合当下甚至未来的发展，更不应该千城一面。

中国的室内设计应该践行传统文化与现代发展相结合的创新道路，将地域文化和中国文化相结合，创造出既符合时代潮流和现代生活方式，与人们行为习惯相结合，又具有永恒的生命力。社会形态是循序渐进的，是发展变化的，人们的审美观和价值观也是在不断变化的；但归根结底，好的作品不仅仅会刻上时代的烙印，也会或多或少地影响和促使时代的进步与发展。

中式的室内设计，体现的应该是中华民族的精神理念，应该是平和的、内敛的、含蓄的，讲的是道法自然、天人合一的设计思想和设计理念，更多体现的是传统的文化精神和理念，而不只停留在形式上。

只有传承并发扬创新的设计，才可以真正成为未来宜居的、人性化的设计，一切不以人为出发点的设计都是不能长久的，这与当下那些追求和迎合利益最大化的设计是背道而驰的。

既然谈到中式，我们就一定要了解传统中式都有哪些鲜明的特点，只有了解过去，才可以创意未来。中国是个多民族的国家，各民族的建筑装饰和陈设也因地域的不同、生活习惯的不同以及信仰的不同出现了各种各样的地域差异，出现了千姿百态的装饰形式和陈设艺术。但归纳总结起来又有着一些共同特征，例如：第一，所有的建筑和装饰都有着严格的等级制度，无论宫廷建筑还是民俗建筑，无论是皇家还是民间，甚至官级大小、贫富之间都有着十分明显的等级差别。第二，所有的建筑装饰和陈设都是科学的，比如我们看到的斗拱，采用复杂的体系使屋檐出挑很大，可遮阳也可避雨，可以保护梁架加大体量，翘曲的屋檐还可以排雨、保护建筑的基础并尽量容纳冬日阳光。第三，所有的建筑和装饰都做到了与周围环境的有机结合，使建筑和周围环境做到了"天人合一"，相得益彰。第四，所有的建筑装饰和陈设受礼制和玄学的影响：如，北屋为尊，两厢次之，倒座为宾，宅舍布局必是前堂后室，宫殿中是前朝后寝，都是礼制精神的反映。白色为金，绿为木，黑为水，红为火，黄为土；黄色象征着权利，成为皇家专用色彩。房屋为木制结构，所以彩绘为蓝色、白色、青色，青出于蓝，蓝色五行属水，水克火；白色为金，金生水，水克火，取其意。第五，所有的建筑结构和装饰并重，建筑构件同时也具有强烈的装饰作用，这一点十分突出，如：须弥座、栏杆、柱础、格扇、斗拱、雀替、悬鱼等构件，本身既起到结构作用，同时在造型与装饰上也有美化的功能。绘画，在建筑的梁枋、斗拱和藻井天花上，用油漆彩绘龙凤、人物、花草或几何纹样图案，既保护了木制构件，又有很好的装饰效果。但是装饰的原则是：用吉祥如意的象征符号、图案为使用者祈福，表示使用者的身份和地位物以载道的设计理念。

随着社会的发展、文明的进步、科学的创新，我们赖以生存的居住环境也随而有所改变。我们了解传统文化，是为了继承和借鉴古人的优秀设计思想，继承和发扬好的装饰设计、陈设艺术的技法和经验，进一步提高我们的生存环境的品质和品位。设计应该是为人而服务，一切离开人的设计都是徒劳的；社会发展了、变化了，随之而来的是人们生活方式和行为方式的变化，而这种变化不能仅仅以当下或短期时间来进行判断，比如，破坏了生态环境带来的短暂发展，从历史长河中来看是愚昧的；设计如果只是为了迎合人类的惰性和贪婪而实现的短暂利益，是很难立足的。所以设计应该是不断自我否定、不断改进和提高的，设计应该是有地方特色和民族风格的，设计应该是有文化的。因为，只有民族的才是世界的，只有民族的才是未来的，只有民族的才可以永恒。

创新不是否定过去，新材料、新工艺、新技术，不同的设计一定为不同的人而服务，而人一定是形形色色的，文化的差异、地域的差异、职业、年龄、文化修养的不同都会使人们形成不同的人生观和价值观，而不同的人生观和价值观的需求是千变万化的。但无论设计的要求如何变化，其设计的内容和形式应该是相辅相成的。所以面对今天形形色色、千变万化的空间形态，我们更不能失去理性，更不能失去民族文化和民族精神，功能可以变化、形式可以变化、色彩可以变化、材质可以变化、空间形态可以变化，但唯一不能变化的是具有地方特色和民族特色的设计精神和灵魂。

我们现在的整个室内设计中，因为更多的空间类型是现代的，很少有纯粹意义上的传统设计，所以我们在做中式陈设的时候，直接把中式传统元素搬搬过来，也不太合适，这种纯形式的元素很难和现代风格的空间类型相搭配。所以我们更多的是把传统的中式元素利用新的表现形式或者新的材质进行陈设，这样既体现传统文化的内涵及寓意，又能与现代空间相融合，相得益彰。在本书大量的案例中，我们可以总结出现代中式或者称之为新中式的一些陈设特征：

第一，在传统的室内空间中，规划、园林、景观、建筑和室内陈设都是风格完全统一的，外来文化的影响也会融入整个环境中，与之协调。而今天我们居住的环境类型，往往不是我们业主所能左右的，基本上是一种商品化行为，所以我们很难完全做到建筑、园林、景观的室内外的完全结合，再加上如今的个性化时代，人们的生活方式的多样化，我们今天的风格类型也就变得丰富多彩了。但归纳起来，基本上硬装空间的装饰比例减少，软装陈设的比例加大，在软装陈设中，家具的比例是最大的，然后是布艺和灯饰以及其他的艺术品和花艺的陈设。这样既满足了我们对传统文化的爱好，又起到了对传统文化的传承、创新与延续，并且不拘泥于传统。新中式的陈设基本上是从空间、比例、体量、色彩和陈设元素上来表达现代与传统差异。

第二，在色彩的使用方面，传统与现代有了较大的变化。在传统色彩的使用中，分为宫廷色彩和民间色彩。宫廷色彩中使用大量的明黄、朱红、金色等高纯度、炫色系，来象征皇权、贵族的权利至上、神圣不可侵犯，有着严格的等级制度。在士大夫中则会使用低纯度、淡雅的青色来着重表现色彩的天然之美。而民间的色彩大量使用的是靛蓝、土黄、褐色系等，在封建制度的规定下，民间是不允许使用皇权、贵族的色彩的，所以色彩是有着严格的等级之分，甚至某一时期青花瓷器民间都不可以使用。

而在新中式的陈设中，我们没有了上述的传统文化、封建礼制的约束，更多的是根据主人的爱好、色彩的搭配、风格的需求、项目的定位任意使用，但我们不会像过去那样大面积的使用，只是在局部或点缀使用，这样既体现了设计的文化与内涵，又和现代的空间类型相协调。

第三，从软装陈设元素中来体现新中式风格。

比如在整个软装陈设中比例、体量、最具风格代表的家具。传统家具，代表的是礼仪，要求必须是正襟危坐，有着严格的等级制度，家具是可以传承的。而新中式的家具，更多强调的是家具的舒适性、个性化和时尚感。所以侧重点有所改变。

在布艺陈设中，传统布艺皇权贵族使用大量丝绸、帛、绢等贵重材料，体现华丽与尊贵；平民百姓则以使用棉麻材料为主。但新中式中布艺变得丰富多彩，混纺、化纤、丝绸、棉麻、羊毛等，加上传统的纹样或者色彩，巧妙地使用新的形式和法则，考虑到现代人的色彩心理学来综合运用。

在灯饰陈设中，传统灯饰早期使用一些贵金属，如金、铜、镀金、错金、银、陶瓷等材质，体现尊贵，后期出现了名贵木材的材质，有些还要加上手工工艺雕刻，再搭配丝绸、帛等华丽布艺，并且还要有象征寓意的图案，不仅解决照明问题，更体现了物以载道的文化思想和内涵。而民间则使用陶灯、铸铁灯。而现代的灯饰陈设，更多地从造型、材质、照明方式和人性化上来考虑。比如造型的多样化，可以是写实的，也可以是抽象的；可以是有寓意的，也可以直接利用形式美；材质上，既可传统也可现代，水晶、玻璃、透光石、亚克力、布艺等，只是在上面加上一些简单的传统文化符号和传统元素就可以了。照明方式方面更加注重人性化设计，直接照明、间接照明、漫反射照明；点光源、线光源、面光源；重点照明、氛围照明等。

在艺术陈设品设计中，传统的艺术陈设品、艺术品，讲的是图必有祥、祥必有意、意必吉祥的陈设设计原则。比如，花瓶一定陈设在几案上，取其平安的寓意；花瓶插上四季花，取其四季平安之意；花瓶和几案必须对称陈设，取其平平安安之意等。而新中式的艺术品陈设除了继承和延续传统陈设品之外，为了更好地和现代环境相结合，更多地使用一些具有趣味性、抽象性、时尚性的融入了新材料、新工艺、新技术的艺术品陈设。

画品陈设方面，传统画品根据空间、位置、面积的不同，相应的代表有：立轴、横批、斗方、扇面、单条等多种样式。题材大部分为：山水、花鸟、人物。表现手法上有：水墨、工笔、重彩、淡彩、大写意、小写意、兼工带写等类型。而新中式的画品陈设，则结合东西方文化，更多地采用混搭的表现形式，比如：用油画表达传统题材，用民族传统布艺直接装裱、镶嵌、雕刻等，体现不同工艺的混搭。悬挂方式上也变得更加随意，会依据形式美的法则和视觉传达的需求来完成陈设要求，比如：传统悬挂更多地使用对称式；现代悬挂方式则更加多样化，有对称、均衡、渐变等多种形式。

希望通过本书的大量案例和案例分析，给大家带来理念上的转变、知识上的补足、专业上的提升；给大家带来一些收获，在设计道路和设计生涯中，以我们的微薄之力为您打开设计的心灵之门。

李亮 2016 年 6 月 13 日于北京中装环艺教育研究院

目录 CONTENTS

禅的简淡之美

项目名称： 静莲禅居

设计单位： 尚层装饰（北京）有限公司杭州分
公司

设计师： 管杰 王艺

项目面积： 800 平方米

该项目名称为"静莲禅居"，一语道出设计主旨。
空间中，除了清新淡雅的禅意设计元素之外，
其装饰效果更彰显出典雅、庄重的气质。 这主
要源于对配饰元素的精心雕琢。

通过家具明确设计定位

空间核心位置设置一扇金属条柜屏风，极具结构主义
特点；对面配以园林式的透窗和一尊枯木摆件，形成
"因景互借"的美学效果。两侧的沙发背景墙上悬挂
着一幅巨大的新中式水墨画品，以璧为主题，结合墨
迹效果，具有一定的视觉强度。

客厅装饰以一组新中式风格家具为主，造型颇具现代中式家具的洗练与硬朗，座面色调柔雅，并饰以淡墨山水，明确中式定位。 装饰元素的色彩颇为明艳，明黄色的台灯为室内增添了几分高贵。丝质靠枕以三色配搭，形成了较为丰富的色相节奏。一组新中式吊灯高低错落，富有优雅的韵律感。

利用花鸟屏风，增添自然气息

家庭厅的装饰效果与客厅接近，但更具温馨气息。以花鸟为主题的装饰物出现在空间的各个角落。一组装饰着花鸟的屏画为空间增添了自然气息。此外，在单人沙发、靠枕、台灯以及秀墩上均出现了类似的图案，加强各个配饰的相互关联，圆形茶几的使用使陈设效果更加突出。

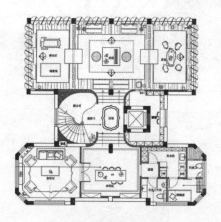

地下室平面施工图

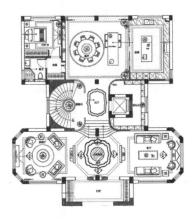
一层平面施工图

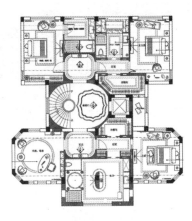
二层平面施工图

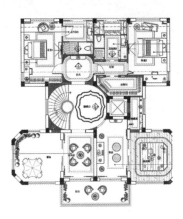
三层平面施工图

利用软装陈设，营造休闲氛围

餐厅陈设更注重休闲性。无论餐椅装饰的牡丹图案，还是核心位置陈设
的青瓷瓶花，都洋溢着淡雅自然的气息。边柜上方所用的镜饰，更运用
抽象的造型，搭配下方的唐代奔马陶俑，形成了灵动的艺术效果。

主卧的纱幔

主卧的装饰洋溢着淡雅柔美的气息。整个空间以白色为主，简约的床品和轻灵的纱幔为人们提供了一种休闲的心理体验。床尾处的沙发与床相得益彰，靠背及靠枕上以写意山水画装饰，更显清新脱俗。为了使空间不显得苍白，适当点缀一些色相，加以协调。绿色的地毯及蓝绿色的床品适当介入，一旁的红色休闲沙发格外醒目。

以圈椅造型的休闲沙发强化中式氛围

客房陈设显得肃穆厚重，这主要源于深沉的木材应用，两盏壁灯悬于两侧，搭配木制格栅，洋溢着古典的气息。床的设计极其简约，恰好衬托紫色的床品；床品运用淡雅的白色碎花，为室内布艺带来了一丝生气，更与庄重的背景墙形成了鲜明的对比。两个圈椅造型的休闲沙发立于一旁，与床的造型相得益彰，于优雅含蓄中令人倍感舒适。

田园风·女孩房

女孩房在整体设计中显得尤为独立，并未采用中式风格的设计，而改为采用田园风格设计。烂漫的碎花壁纸衬托着简约欧式的家具造型，整体配色较为明亮柔和，淡粉色系为空间注入一丝少女情怀。地面上铺设的莲花形地毯更是室内的亮点，一下子提升了整体空间的装饰效果。

书房里的禅椅

书房陈设更注重古典品位，空间中的每一个细节都十分讲究。陈设在书桌旁边的两把禅椅极具代表性；据闻，禅椅是一种过渡式的家具形式，由宋代演变至明代。其样式极其低矮，形态简洁，在古代主要用于禅师跏趺修禅，故名"禅椅"。该空间中这款禅椅更在传统家具的基础上进一步简化了腿部造型，看起来更加现代，也更加契合简约的室内硬装结构。核心位置悬挂着一幅颇具现代感的装饰画，以祥云为题材，灵动飘逸，并与书桌下方的地毯形成了完美的呼应。

禅的简淡之美

禅是一种人生境界或一种生活状态。在当代社会，禅令我们远离喧嚣的都市生活，得到心灵净化。茶室的设计优雅纯净。超然脱俗的独特气质以简单的几件陈设彰显出来，这恰恰吻合了禅意风格设计提倡的简淡之美。过分雕琢的装饰可能造成更多的视觉负担。因此，设计者刻意"隐藏"了空间的硬装结构。呈现在我们面前的是暗沉低调的地面及简洁的背景墙。

装饰要点集中在装饰主题上。素雅的竹制茶席显得干净整洁。朴素的粗陶茶具以窑变呈现出斑驳自然的纹理，充分体现了禅意设计对质感的微妙表现。在核心焦点处，隐约地矗立着一棵枯寂的古木，虬劲弯折的姿态，好像一缕青烟，缥缈而空灵。在青烟的一端悬挂着一个精致的鸟笼，含蓄地弱化了古木自身的孤寂与落寞。远处的白色窗帘巧妙地衬托了古木；高明的造境仿若泼墨山水画中的留白。

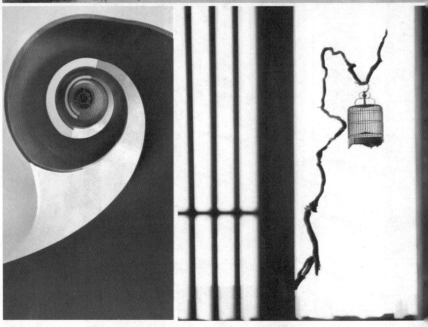

东西方元素交融之中的戏剧张力

项目名称： 苏州水岸中式秀墅

设计单位： 玄武设计

设计师： 黄书恒 林胤汶

软装设计： 吴嘉苓 张禾蒂 沈颖

项目面积： 357 平方米

不同风格、意象的碰撞

一进门，装饰艺术风格的隔断尽显 20 世纪初欧美时尚设计的典型特色，并与对面蕴含中式韵味的植物纹样形成了鲜明的对比。在这个区域中，不同风格、意象的碰撞带来了强烈的视觉震撼。金色的中式立柜异常华丽，并间接明确了该项目的设计主题。

工业形态与中式元素

客厅区域运用中式元素，摩登的形态搭配闪亮的材质，尽显时尚与贵气。空间中，复杂多变的几何形态含蓄地定义了中式风格、现代风格及装饰艺术风格的"广义语汇"。吊顶的方正造型既富有中式传统图案的典雅，又演绎着 20 世纪室内设计的工业形态。这种装饰元素的使用非常利于混合，可协调各种设计元素，使它们自然地融为一体。

造型简约的家具有利于整合丰富多元装饰意象

家具采用简约的轮廓，不具有过于鲜明的风格特征，有利于整合丰富多元的装饰意象。偶尔点缀一些亮丽的配饰，使空间充满跳跃而丰富的节奏。金属质地的台灯及茶几摆件使空间具有几分犀利与果敢。可以说，设计者更倾向于将装饰元素作为营造空间效果的重要工具，而对于中式或西式的传统理念没有过多的兴趣，这一切都为了彰显出更加理想的时代特色。

中式纹样营造出的现代气息

餐厅延续类似的思路，简约形态的餐椅在细节之处透着凌厉。金色的云纹装饰与冷色的布艺不但没有削弱这种张扬，反而见不到丝毫古韵，并减少了背景与主题色彩之间的过渡，强化了节奏感。银色的吊灯反射着吊顶的折线，搭配玻璃的材质，与墙面迂回的植物线条形成了有力的呼应。

过道空间的古典与未来

二层一株虬劲的梅枝似乎有意弱化锐利的气质，但大面积现代时尚的几何形态却与其形成了更加明显的冲撞。硬朗的线条与光洁的材质塑造着新中式风格的条案，并与明黄色的秀墩形成了反差。配饰元素之间无意搭建任何"沟通的桥梁"，它们各具个性。这里的一切似乎都笼罩在一种古典与未来的交互之中。

书房中跳跃的红色

书房局部大胆地运用红色，配色效果极其强烈。一些有特色的点缀元素，如艳红色的将军罐在无彩色的衬托下，形成了更加跳跃的视觉节奏。以常规的配色技法看，从背景色到主题色的色彩本应在空间中适当协调一些过渡的色彩，使空间色彩形成更加自然的过渡，而该空间中跳跃的点缀色使原本平静的空间泛起了一丝"荡漾"。

主卧的低纯度配色

主卧的设计一改其他空间的锐利，去除了凌厉的几何形式，在一定程度上弱化了色彩的节奏，甚至出现了一些柔和的低纯度配色，如地毯、床头的靠枕，令人倍感舒适。

平静内敛的咖色背景与简洁的白色吊顶使空间效果更加庄重。两个带有欧式特征的座椅陈设于床尾，虽然采用了醒目的配色，但却因形态的简约没有造成过分的视觉刺激。窗口的休闲椅是舒适的路易十五式家具，附带松软的毛质座面。碧绿色的秀墩陈设于一旁，与家具形成了含蓄的对比。

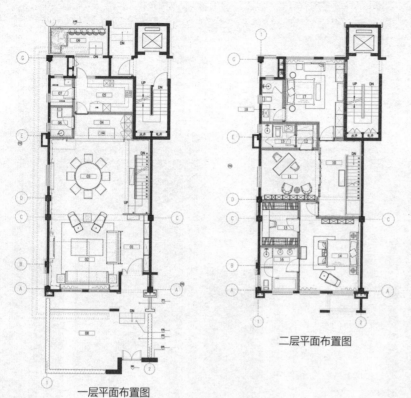

一层平面布置图

二层平面布置图

以色度控制协调装饰效果

次卧的设计与主卧的脉络接近，但更具休闲轻松的气质。家具的样式及风格更加统一，形态也更加简约。床头的背景墙以有序的节奏呈现出不同的色彩，但色度的控制使装饰效果愈发协调。地毯的装饰固然具有一定的视觉强度，却因自然的植物纹样及暖色的配色，丝毫没有破坏宁静的空间氛围。窗前，两把休闲椅颇具几分闲适之感，一个瓷制鹦鹉摆件更为这个区域增添了一丝恬静与雅致。

新中式的
复古情怀

项目名称： 颐和南园——古香流韵

设计单位： DOLONG 设计

设计师： 李漫

项目面积： 300 平方米

古香流韵，当代情愫，一股中式风，静静地吹过九龙湖。

整个空间通过沉静低调的红木色和米色、白色等低纯度的色彩强调中式传统设计内敛、含蓄的气质。各种配饰元素点到为止，中式元素的使用更没有出现堆砌的痕迹，通过间接的手法，将中式元素巧妙地运用于空间细节中。

传统中式元素被巧妙运用于空间细节中

客厅的整体形态倾向于简约，仅从硬装整体效果看，并无过多的形态与内容，仅在一侧的格栅上运用了传统中式窗棂造型。柔暖的配色借助局部照明，为硬装背景增添了一点明度层次。处理手法异常节制。

沙发背景墙上两幅对称的水墨画描绘着兰与竹，写意的手法显得自然雅致。背景墙的中央采取了器物陈设，以圆融的壁为核心，一旁随意地摆放着两尊白瓷梅瓶。运用此手法处理焦点，虽然有些轻率，倒也与空间整体意象相吻合，更与电视背景墙的瓶器形成了对应关系。

在家具方面，若以一个转角沙发实现陈设格局，有束腰鼓腿彭牙式的茶几或许会略显突兀，但沙发背后的带翘头雕花联三橱形态古朴，与之遥相呼应。另外，电视柜也采用了翘头的形态，使家具组合的轴心位置一气呵成。为了使家具组合更加统一，靠枕的色彩对应茶几，暗沉的色彩为沙发增添了一丝古韵。

在点缀元素的使用上，吊灯以铁艺搭配古典雕花，为客厅增加了必要的造型细节。茶几上方的瓶花甚是茂盛，黄菊柔和的色彩柔化了空间中直线条的硬朗。

过渡空间中的现代中式绘画

过渡空间悬挂着一幅现代中式绘画，用色甚为大胆，绚丽的红色搭配荷花的题材，使该位置更具视觉张力，也为空间融入了一丝时尚气息。下方白色的抽象饰品形成了错落关系，并柔化了画品对称、中正的构图。

中式餐厅的古朴与灵动

在餐厅中，边柜并未处于核心的位置，摆件的陈设手法理应自然一些，可为中式餐厅融入几分轻松休闲的气息。一尊梅瓶中投入的干枝在光线的映衬下略显枯寂，但铁艺摆件上的几只小雀削弱了这种气氛，为此处增添了一丝灵动。

家具样式相对传统，形态简约，颇具明式风韵。与新中式吊灯上下呼应，红色的桌旗显得异常华丽，与老人房的镂空雕花门共同营造了浓郁的复古氛围。为了使空间效果不至于过分浓烈，画品选用白色的工笔荷花，精致而典雅。桌面的白色餐具及蝴蝶兰更以清雅的意趣，弱化了红色桌旗的绚丽。

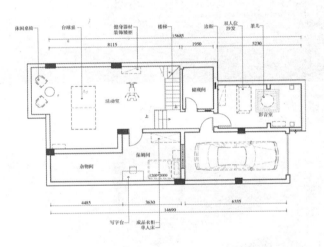

颐和南园地下室平面图

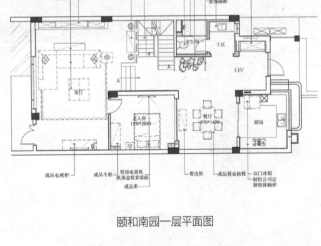

颐和南园一层平面图

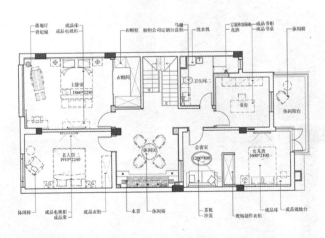

颐和南园二层平面图

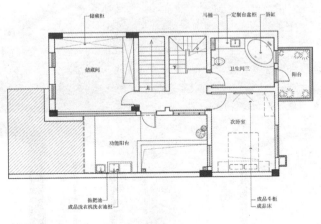

颐和南园三层平面图

利用床品的色彩节奏，展现文人雅趣

二层主卧的设计充满更多的装饰细节。家具选用硬朗的直线条，并在细节之处配以传统中式雕刻。床品靠枕增加了丰富的花鸟图案，色彩明丽典雅，并形成了一定的色彩节奏。床头灯的青铜器造型略显一丝古韵，在细节之处尽显微妙的肌理。休闲椅的木制条框显得简洁舒适，后面以一幅写意的墨荷画为衬托，更显浓浓的文人雅趣。

老人房内素壁无瑕，一张简约的大床更无过多的雕琢，仅借助色彩的明度节奏，形成了丰富的空间层次。柔软的布艺更与厚重的木制花格形成了细腻含蓄的对比，并在适当的张力下，营造了轻松休闲的空间氛围。

在休闲区中感受古典质朴的庭院意境

值得一提的是，二层休息区中器物陈设尽显浓郁的文人雅趣。利用木物天然的形态来制作家具在我国早已形成一种独特的审美意趣。在灰色背景的衬托下，古朴苍劲的造型结合起伏不平的肌理，尽显回归大自然的原始之美，一旁悬吊的鸟笼营造了古典质朴的庭院意境。水景模拟园林野逸的趣味，摇曳的水草衬托着墙壁中央的挂饰；在灯光的照射下，挂饰的形态更加突出，加上壁面的留白，仿若一幅中式泼墨山水画。

禅意设计的
另类演绎

项目名称：复式雅居——禅意东方
设计单位：武汉王坤设计有限公司
设计师：王坤
面积：320 平方米

"禅意"风格在当代软装设计中已成为一种非常流行的装饰风格，这其中有很多原因。禅意设计具有的审美特点在很大程度上满足了当代人对于自然、宁静世界的向往，在忙碌的工作中，享受一方净土，让自己安静下来，正所谓"暂时地放下"。禅意设计在近几年的设计作品中，已成为"自然、典雅、低调、朴素"的代名词。

位于湖北武汉大华公园世家的复式雅居洋溢着与众不同的"禅意"气息。之所以与众不同，是因为它并没有采用与大多数禅意设计相同的定位，而是对禅意设计进行了另类演绎。

利用软装配饰色彩的微妙变化，打破硬装的生硬感

在客厅中，硬装背景的形态异常简约。一组形态简约的沙发组合并没有形成过于明显的装饰特色，而是与硬装饰一脉相承。上页图中吊灯硬朗的框式结构与空间主题形成了一个整体。我们不禁会想，如此统一的形式处理为何没有一丝生硬，反而营造了如此柔和的空间体验？在点缀元素的应用上，靠枕微妙的色彩节奏弥补了沙发简洁的形态，但色相的控制却极其微妙，毫无跳跃之感。背景墙上方正的画框中心是圆形的，一方面弱化了背景墙的生硬感，另一方面突出了空间的焦点。两旁装饰着卍字纹的雕花格栅以精致的细节丰富了空间的装饰元素；核心位置满是曲线的雕刻，并明确地展示了中式风格的内涵。这些细节的介入使空间形成了丰富的视觉效果。

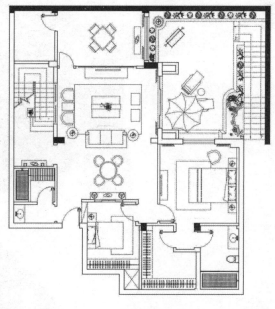

平面布置图

利用现代餐桌椅为中式空间增加时尚魅力

餐厅空间的设计更加简约。一组素雅的家具，白色皮质座面搭配古韵十足的红木色形成了温和古雅的内涵，家具款式的洗练又为空间增加了一丝时尚的魅力。餐桌核心位置一尊洁白的蝴蝶兰散发出清新淡雅的气息。背景墙以三幅屏画为焦点，在木制格栅的衬托下，显得更加中正严谨。一些陶瓷摆件在空间适当点缀，丰富了空间的装饰细节。

地下室客厅的装饰具有传统中式特征，更加华丽精致。硬装依旧以庄重的木色为主，金色的雕刻成为电视背景墙的焦点，圈椅的出现使该空间的中式风格定位更加明确，并强化了该设计的古典特征。一些中式风格的画品，如山水、墨荷，覆盖着空间背景墙，一方面弥补了空间墙面内容的不足，另一方面有利于烘托中式风格的装饰气氛。

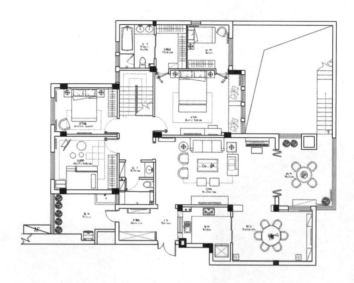

平面布置图

在卧室的陈设中，中式元素的使用较为含蓄，只在一些细节之处恰如其分地展示出来。如色彩柔和的靠枕，暖色调形成了自然的节奏；精致的锦缎与棉麻的质地具有较高的舒适感。在灯光的处理上，以重点照明的方式，使光线集中在焦点位置，刻意弱化背景墙的装饰细节，一方面使室内明度形成了更加丰富的节奏，另一方面为空间营造了典雅宁静的氛围。

天然枯木与陶瓷相结合的艺术摆件也非常个性，光滑的瓷器釉色与木材粗朴的质地形成了鲜明的对比，使人眼前一亮。

灯光与配饰

在细节配饰方面，一些个性化的饰品极大地丰富了空间内涵。有时，一个好的装饰元素具有令人意想不到的效果。结合柔和的光线，一些中式风格的饰品更具古雅沉静之美。

精致的陶瓷饰品在空间中尤为突出。釉色多采用中式传统瓷器中经典的青、蓝等色彩，并运用现代装饰手法，为空间注入些许时尚气息。

以琉璃制作的花品闪烁着晶莹的光芒，
使整体氛围多了一丝迷离的气质。

台灯的布艺灯罩在较弱的光线下毫不张扬；朴素的布艺纤维异常鲜明，并间接加强了台灯的质感。

简雅的东方禅意

项目名称： 蝶恋花 I
设计单位： 昆明中策装饰（集团）有限公司
设计师： 陈相和
软装设计： 中策饰家汇
项目面积： 80 平方米

借鉴日式装饰手法

整个空间干净利落，在硬装饰方面不着过多的"笔墨"，演绎了简雅的东方禅意风格；厚实的木材搭配线形的装饰尽显洗练之感。在空间处理上，借鉴了一些日式装饰手法。淡雅的木制家具，款式方正简约；低矮的茶几上摆放着特色茶具及摆件，搭配剑麻材质的地毯，令人倍感舒适。

白色素款坐垫增加了沙发的舒适感。窗帘与毯子均选择了比木制稍深一些的色彩，在同色系的基础上，加深了明度，并丰富了空间层次，艳丽的桃红色抱枕成为出挑的亮点；精巧的点缀提升了空间的艺术气质。在天然色系中，一尊落地式花器内置苍劲的花木，为整个空间带来了亮丽灵动的气息。

铺设地毯可吸收噪音，提升居住品位。该空间选用剑麻地毯，既可散热吸湿，又符合现代人追求天然环保的时代潮流。丰富的立体织纹凸显了地毯表面的凹凸感，利于足部按摩，因此备受青睐。

枯山水画品

画品则形象地诠释了枯山水的意境，顾名思义，枯山水并没有水，有些甚至排除了草木；其以白色麻绳盘成的年轮为背景，象征自然界的景观；带有金属质感的点状物象征山峰或瀑布；内容虽少，但简洁、纯粹、意味深远，在表现禅宗枯寂的哲学意境和极简主义的美学精神上也堪称绝妙。

中式风格插花的意境美

细节处理更加考究。茶几上方摆放的花艺为中式风格插花；其简洁地插入铁锈釉的胆瓶中，插贮方式非常独特，具有浓郁的文人雅趣。

在中国传统文化中，自然界的花草树木皆具情感和灵性，并有各自的象征意义。中式风格插花极具意境美与线条美，其多为不对称的构图，尽显自然效果与随意性，花色清新，秀美雅致，引人入胜。以无釉粗陶捏制的人像及小缸极具古典之韵，丝毫不显拘束，反倒颇具几分趣味。黑釉的茶盏更含蓄地传递出一丝宋人的遗风。

茶室的高雅韵味

竹百叶帘搭配窗纱，在阳光的照射下令人倍感舒适，并为室内原木的色泽营造了更加柔和的氛围，弱化了材质的坚硬。藤制茶桌明显具有日式空间的古朴韵味，也为极其简约的空间增加了一丝点缀。

浅色调卧室的风雅与知性

两间卧室宁静淡泊，以木材为主要建材，并充分发挥其物理性能及装饰性能。质朴的浅色调实木与地板、天花板、墙面形成的弱对比搭配使空间色调更加统一。床品的选择充满风雅与知性，不同材质的混搭丰富了人的触觉感受。除此之外，巧妙的低纯度配色更促进了室内元素的紧密联系，摆放的物品虽少，却极富生活气息，如木制托盘、草编的礼帽、现代风格台灯、黑白摄影等一些常见的装饰物，在东方韵味的基础上适当融入了几分休闲气息。

蓝色主题的
中式空间

项目名称：蝶恋花Ⅱ

设计单位：昆明中策装饰（集团）有限公司

设计师：陈相和

软装设计：中策饰家汇

项目面积：50平方米

以木色家具平衡空间色彩

新中式风格的空间大胆地以纯度较高的蓝色作为主题色，在新中式风格的基础上增添了一丝韵味。具有现代感的新中式木色家具以深色调为基础，搭配白色，使空间色彩平衡了许多。

在空间中，中式元素具有中式文化的底蕴，并吸收了现代风格家具的简约精髓，如蓝色镂空陶瓷鼓凳、根据中式传统药柜设计的衣柜等。精心雕琢的凳子更使空间具有灵性与韵味。

水墨画渲染出的装饰意境

案几上的水墨画蕴含着天圆地方的传统文化。画中似墨在水中飞舞，别有一番"墨韵"。仅有水与墨、黑与白，色彩微妙，具有水乳交融般极佳的艺术效果。

餐厅的明式韵味

餐桌采用简约的设计手法，仅局部配以传统角牙的造型，装饰手法上点到为止。餐椅形态简约，仅从布艺材质上体现古典中式的温和。餐区上方的亚麻布艺长方形吊灯使光线柔和、不刺眼，通透性也比较强。雅黑色的五金边框在与家具相互呼应的同时，带来了更多的东方神秘感。

餐边柜将亮格柜与直棂窗相结合，具有鲜明的明式陈设意象。在亮格的位置适当地陈设几个瓷器摆件，在装饰上更加写意，以淡雅的青花釉料营造出明亮典雅的视觉效果。

花品的整体线条感比较突出，直立挺拔，积极向上。玉兰花清新自然，花朵鲜嫩；花器以竹材编制内置竹筒，透出传统插花的自然野趣，并与下方的莲蓬配件形成了鲜明的对比。

蓝色卧室的静谧与典雅

卧室延续客厅的风格，融入了一些蓝色元素，极具韵味与情调。木制柜子、黑色家具以及白色床品与画品，在丰富的色彩节奏中令人倍感亲切。蓝色的床品与蓝色的墙面，色相相同，纯度不同，划分了空间的层次。一旁的书桌椅采用现代简约形态，却毫不突兀。亚光的金属色与黑色在蓝色背景墙的衬托下显得更加庄重。床头画品好像一张张栩栩如生的剪纸，具有一定的立体感，它们围合成圆形的室内焦点。壁面补充了两个搁板，填补了墙面的空白。小巧的玩具随意地摆放在板面上，为空间增添了一丝童趣。

软装设计的
"留白"

项目名称： 海南诺德·丽湖半岛一期 B1 别墅
设计单位： 深圳市墨客环境艺术设计有限公司
主创设计： 王勤俭
参与设计： 王浩 杨远望 张盼
陈设设计： 莫艳萍 陈婉 李芳芳

运用白色、米灰色，营造静谧的氛围

白色、米灰色在这个空间中占据极大的比重，大面积米灰色的地毯，其精致的质感令人感到平和安逸。顶面的深色木线条由于体量控制得比较合理，并不令人感到压抑沉重，反而在心理上增加了空间纵深感，进而感觉空间非常宽敞。

白色的地面和沙发坐垫非常整洁。一面青黑色的文化石背景墙具有厚重的质感，其与画品本应形成较为强烈的生硬感，但写意淡雅的山水题材却在一定程度上弱化了这一点。此外，大面积的棉麻材质为空间增添了一丝柔和。

利用藤制坐墩，打破直线条家具过多而造成的单调与生硬

家具的选择很考究，大量运用直线条，规则而整洁。藤制坐墩打破了直线条家具过多而造成的单调与生硬，为空间带来了活泼的元素。陈设细节的适当增加使空间内容更加丰富，错落的悬吊型饰品为窗的位置增色不少。适当融入其他色相可为空间增加更多的节奏，如花品绚丽的紫色与靠枕蓝色的孔雀图形。

"Y"形餐椅的中式休闲风

厨房是开放式的，以吧台划分操作间与厨房的区域，是欧式厨房的典型格局。特别值得一提的是，"Y"形餐椅出自丹麦著名设计师汉斯·威格纳之手，装饰气质与其他装饰元素保持一致。核心位置的吊灯延续线条的作用，花饰与多宝格内的饰品适当补充了些许的蓝色，为整个餐厅注入了几分休闲气息。

以"留白"手法体现宁静之感

卧室依然延续其他空间的直线造型,即便如此,依然不显得生硬,反而更有禅意的味道。

首先,卧室的装饰手法比较节制,更多地利用原有材料,以"留白"的方式体现空间的宁静之感。另外,硬装注重线条的收边,使空间尽显更多的精致细腻之感。同时,将大面积的背景墙用线条加以分割,以化解单调压抑之感。

软装上,运用米白、米灰、淡蓝等各色布料,色调和质地都很柔和,只点缀小面积的亮色。家具选用深色木材,造型朴实无华,样式沉稳,未加过多的雕饰。在组合的过程中,以直线为主要表现内容,整体效果较为和谐。

软装元素的节制运用

适当增加精致的点缀元素，可强化室内装饰的中式意象，如抽象水墨的画品、写意的线性挂饰、粗陶瓶器等。然而，在

细节元素的使用数量与形态方面，该设计相对节制，以避免破坏空间的简雅宁静之感。

灰暖色空间
的营造

项目名称： 惠州央筑花园洋房样板房
设计单位： KSL 设计事务所
主设计师： 林冠成
项目面积： 210 平方米

巧妙使用跳色，丰富空间层次

该设计干净利落且富有内涵，灰暖色的主调里增添了些许跳色，丰富了空间色彩。

天花板的局部饰面板套线以及立面的木饰线性条纹，搭配灯饰，使空间活泼生动。

地板上的条纹排列有序、深浅相间，具有良好的观感，气韵生动；家具陈设选用了华美的布艺沙发，统一的浅灰色里有冷暖之分，使空间富有色彩层次；中心位置的黑色茶几协调了家具与地面，使整组陈设不至于因色彩太浅而脱离地板。具有良好光泽的茶几反射了地面与顶面的纹理，从而协调了整组陈设，使地板的纹理不至于单调孤立。

抱枕的色调既统一又有所区别。大部分抱枕的色调与沙发相似，少数几个抱枕选用了孔雀蓝这种亮丽的冷色调。质地上选用化纤仿绸缎，搭配雅致的棕色碎花图案，仿佛一位穿着旗袍的女子，婀娜多姿；象牙黄色的抱枕穿插其间，既美丽又令人倍感舒适。

一层平面布置图

二层平面布置图

花艺选择与周边造型相互呼应

餐厅尤为宽敞，餐桌椅简约时尚。蓝白相间的摆花错落有致，立式构图及线条造型与墙面相互呼应。花朵盘旋而上，构图完美。色彩运用有"画龙点睛"般的效果，寓意深刻，烘托出中式风格的韵味与意境。

以床品烘托气氛

卧室中，端庄清雅、精致含蓄的东方传统审美境界优雅地展开。造型上延续客厅的形式感，不同的是，卧室的氛围更加舒适安逸，以柔美的床品烘托气氛。墙面的横竖条纹经典大方，尽显低调奢华之美。

白色基础款的床品搭配沉稳大气的棕色披毯与抱枕，十分得体。床头的壁灯采用简洁时尚的形式，静静地泛着温馨朦胧的灯光。一簇火红的盆花，浓艳的色彩、精致的造型，既雍容华贵又美丽高雅。

运用装饰材料，丰富空间层次

项目名称：双橡园 R1

设计单位：天境空间设计

设计师： 蔡馥韩

项目面积： 150 平方米

巧妙地运用装饰材料往往可以达到令人意想不到的效果，并营造一种独特的"视觉触感"，将设计中的视觉元素延伸至触觉元素的范畴内，潜移默化地影响着我们的心理感受。

在玄关，墙面上纹理自然的米白色洞石呈现出斑驳的效果，木制大门纹理柔和，与石材冰冷的触感形成了对比。不规则的地面构图将我们的视线引向了焦点，古朴的玄关台上仅陈设了一盘插花，白色花器呈现出不规则的扭曲形态。花材清疏，呈现出明显的自然生发之势，是典型的中式插花。花材背面运用直棱的木制线条，使内部空间"若隐若现"。

运用"肌理"，为空间增添"文艺范儿"

客厅延续对材质肌理的探索，沙发背景墙平整简洁，含蓄的木材纹理成为有力的衬托。对面的电视背景墙采用天然石材，多变的天然纹理是最好的装饰。机刨处理的线条形成了规则的体块，大小不一，更具层次变化。家具运用简约的造型，风格极其统一，但在材料表现方面呈现出较为丰富的内容。三人及两人沙发采用厚实的皮材。玫红色的单人沙发采用布艺材质，营造了较为醒目的视觉效果。大理石台面的茶几与电视背景墙相互呼应。电视柜采用带孔洞的原木，显得不修边幅。在装饰元素中，除了自然清新的绿植之外，一些带有现代艺术气息的抽象摆件非常考究，为空间增添了些许"文艺范儿"。

运用美岩水泥板，营造朴素的触感

餐厅墙面运用美岩水泥板，形成了极其朴素的触感，同时更好地衬托出餐厅家具流畅的线条与光洁的材质。一旁的独立空间中配置了榻榻米，造型极其简约，在微弱的光线下，亚光材质尽显柔和舒适之美，搭配沉稳的胡桃木色，更有利于衬托装饰元素的精致。造型适当地点缀在空间中，并搭配玻璃、陶瓷等亮丽的材料。一株洁白的蝴蝶兰成为空间的焦点，清寂而自然。

编织壁布在灯光的照射下尽显素雅的肌理

卧室采用重点照明的方式，强化了室内的材质特征。除了以深木色作为背景配色之外，编织壁布在灯光的强化之下凸显了素雅的肌理，与木饰面形成了色彩与材质上的对比。洁白的床单被反衬得更加柔软。一张牛皮地毯的不规则造型改变了简约的空间造型，在材质上更加突出。休闲沙发的玫红色填补了过于统一的空间配色，使空间气氛变得活泼灵动。

利用灯光，弱化空间个性

客房中洋溢着浓郁的休闲气息，整体效果更加现代。这种感觉更多地源于背景墙的红色。为了使空间效果不过于刺激，以壁布的材质，结合射灯、台灯，并采用局部照明的方式，弱化了红色过于张扬的"个性"。仅以台灯柔和的光线，照在墙面上，"示意"红色的"存在"。整面背景墙在多种设计手法的相互作用下形成了渐变的明度层次，并填补了背景墙的单一。

设计与生活
的融合

项目名称： 盛世徐东

设计公司： 武汉王坤设计有限公司

设计师： 王坤

项目面积： 180 平方米

生活的精彩来自对身边事物的触碰与感知，安逸、舒适、紧张、不安等状态均由环境所致。让我们放松自我、回归本真的是那个无论空间大小、豪华与否的家。

整个项目户型规整，空间利用率高，各空间面积比例合理，通透性强，功能划分明确，动线流畅，动静分区合理，设计与生活在此实现了完美的融合。

利用靠枕对比色，协调空间色彩

硬装部分以现代简约为主，主要通过不同材料的对比打造空间的层次感，通过软装配饰丰富空间层次，营造自然、舒适的生活环境。

为了呼应硬装的直线形吊顶，家具采用了简约的中式白色布艺沙发，给人以简练、干净、舒适的感觉。虽然靠枕应用了对比色搭配，但降低了纯度后使空间看起来更加活跃，中间使用的灰色系靠枕在整个色彩上起到了很好的协调作用。色彩柔和的桌旗将深色木制茶几与空间很好地融为一体，茶几上的花品以淡雅的色彩和精致的造型成为会客区的视觉焦点，也为空间增添了几分自然气息。

背景墙的画品内容以具有中式特色的青花瓷为主，提升了整个空间的中式韵味。角落的弧线形折扇、靠枕上的圆形图案等在一定程度上柔化了直线过多而造成的空间僵硬感。

巧妙搭配软包与木纹石电视背景墙，突出空间层次感

灰色木纹石和白色布艺软包的搭配，突出了电视背景墙的层次感。金属铆钉为简约的空间增添了几分复古的感觉。简约中式的电视柜和茶几相辅相成，使空间看起来庄重协调，而现代简约的落地灯却给空间带来了轻便感。

餐厅，吊顶造型的变化使空间看起来更加丰富。圆形的黑色餐桌同吊顶相得益彰，与白色皮革加深色实木边框的餐椅相映成趣。线条感突出的吊灯削弱了空间的重量感。桌面上的花饰呼应了圆形的餐桌，色彩素雅，置于餐桌中心，成为就餐区的视觉中心。

次卧虽空间不大，但功能丰富。深色衣柜在浅色背景下尽显沉稳大气，与之搭配的是同色调的梳妆台，黑色梳妆椅以其经典的造型体现了空间的现代感。白色软包加实木边框的床屏，既与其他家具相互协调，又增加了空间舒适感。棉麻窗帘让空间看起来更加休闲。梳妆台上陈设的相框和迷你型绿植为空间注入了生活情趣和自然气息，让空间充满生活的味道。

平面布置图

黑白蓝的
清雅

项目名称：荷塘夜色

设计单位：武汉美宅美生设计

设计师：蔡少青

项目面积：160 平方米

强调空间的互动关系

该设计追求细节的完美。虽为办公空间，但整个屋内的家具、陈列摆放好像家一样舒适惬意，每一个小物件都凝聚了设计者与业主的巧思。

入户门的对面悬挂着一幅金鱼戏水的画品，形成对景。花格屏风并非用来分割区域，而是巧妙地放置在墙上，作为装饰品，如同一幅幅挂画，不去过分追求形式，却将浓浓的意蕴包含之中。

中式吊顶划分了区域，使空间更加规整。地面上铺设着无彩色的深灰色地砖，使空间富有层次，并作为地面与家具色彩的自然过渡。

窗帘选用了质地轻盈的纱幔，不影响采光，避免工作区受到阳光直射，利于采光、透气及通风。办公区中，三个吊灯与三对圈椅对称分布。中式鸟笼利用现代工艺，优质电镀铁笼搭配布艺灯罩，柔和的光线较好地渲染了室内空间的气氛。

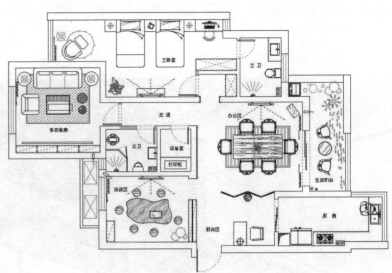

平面布置图

衣柜颇具中式传统民用家具的特点，如丰富的棱线及传统的彩绘均体现了古朴的韵味，而淡蓝的配色使装饰元素洋溢着浓郁的现代气息。

闲适的中式意境

整个房间的帘多选用竹藤系列的窗帘，这种竹木制的窗帘，质地光泽，
古朴典雅，洋溢着浓郁的东方文化气息。家具线条简洁，搭配柔和的白
色布艺，在悠然的光线下令人倍感舒适。一幅山水画悬挂于背景墙上，
为空间增添了一丝古典人文气息。

阳台模仿中式庭院的模样，铺装采用碎石拼样式的地砖，为空间增添了清新舒爽的自然效果。墙面为湿贴仿古砖，为室内带来了更加丰富的质感。家具选用了具有天然木质纹理的中式圈椅，搭配特色绿植，显得更加闲适。

禅韵漫漫满于堂

项目名称：湖畔现代城 118 幢

设计单位：大墅尚品—由伟壮设计

主创设计师：由伟壮 李静

软装设计：翁布里亚软装机构

项目面积：213 平方米

"禅意"是指以佛教禅宗哲学为理论基础，以自然、简淡、清寂的内容营造的一种感知效果。深谙于此的设计者非常清楚，这样的设计不能以一种固化的设计模式刻意地营造空间效果。在配饰元素的运用方面，禅意设计多是一种"意"的概念。

保留"光"，弱化"色"

设计者并没有刻意"呈现"什么，一切都显得自然而然。在某种意义上，我们几乎体会不到"装饰"的味道。

在玄关，灯光的设置是一大特色。设计者保留了"光"而弱化了"色"，即令空间"褪色"。

"褪色"更暴露了摆件自然质朴的肌理，枯涸的莲蓬不经意地流露出岁月的沧桑，青瓷、书籍与白烛的摆放给人以未经雕琢之感。这一切都烙印着丝丝熟悉而亲切的生活痕迹。

这种痕迹暗含着某种"真实"。一些未完成的或带有时间烙印的陈旧事物出现在"禅意设计"中。似有所指，却欲言又止，需要我们用心体会。

潜藏于"空"中的"存在感"

餐厅及客厅显得很"空"。这种"空"并非空无一物，而充满一种潜藏于"空"中的"存在感"。好像古代绘画中的"留白"，看似"虚无"，却营造了一个更加辽远的空间，无边无际。这或许源于家具的简约形态，也可能是因为室内的装饰因素少之又少。"留白"部分总令人感觉空间中似乎"隐藏"着什么。设计者在空间中适当地增加了一些装饰元素，如带有写意纹样的地毯、中式插花、花几上的白色瓷器以及水墨画。

几间卧室似乎有些视觉上的"突破"，而"留白"却依旧在进行着。主卧、老人房、儿童房中的配饰均带有"装饰"性质，但"装饰"性质非常节制。一些装饰元素，如床品、地毯和画品，形态简约。主卧的床品零星地"闪烁"着几点蓝色的纹样。老人房的床品整洁有序。儿童房床品的装饰纹样仅仅被应用于边缘。

平面布置图

香室

较为特别的是，空间中有一个独立的香室。香室作为中式传统陈设空间中的代表，在当代几乎被人遗忘。早在唐宋时期，中国传统香文化便达到了鼎盛，至明代，用香、赏香已成为文人必不可少的生活内容。如明代文震亨所著《长物志》中有明确记载："小室几榻俱不宜多置，但取古制狭边书几一，置于中，上设笔砚、香盒、薰炉之属，俱小而雅。别设石小几一，以置茗瓯茶具，小榻一，以供偃卧坐，不必挂画。或置古奇石，或以小佛橱供奉鎏金小佛像于上，亦可。"

这里的香室似乎与《长物志》中所述内容有类似之处。在有限的空间内，墙壁素雅整洁，仅悬挂一幅画品，借由光线营造一定的层次，配饰内容的节省也有助于人们在赏香时静思凝神。射灯的运用有助于形成香炉内袅袅的烟火。香案上陈设着香炉、箸瓶等器具。主位采用与香案类似的款型，中正而严谨。对面放置两个青瓷秀墩，一方面透出随意之感，另一方面可更好地节省空间。

运用暖色光线，烘托空间的雍容大气

项目名称： 云顶道示范单位
设计单位： 深圳市鹏广达置业有限公司
项目面积： 约 228 平方米

利用装饰元素，彰显业主的文化品位

双人沙发、榻与两个单人沙发经典的组合，围合成对称的 U 字形。茶几是束腰鼓腿彭牙式，局部点缀着精致的金色纹样。画品凸显了浓浓的文化意蕴，运用花鸟工笔画，彰显出业主独特的品位。沙发背景墙上的压金属线条富有立体感；两侧的造型形似中国古代的竹简，书香气息浓郁，搭配多种庄重求变的点缀色，使空间元素愈发丰富。

该空间雍容大气。沙发休闲舒适。棕色沙发背景墙的设计极具线条感和色彩感。与背景墙的色调形成鲜明对比的花品点缀着两侧的墙壁，内嵌式反光吊顶营造了轻松舒适的空间距离感，令人不觉拥挤压抑。棋子与吊顶的点缀增加了视觉感，暖色调的光线烘托出雍容华贵的现代中式风格空间。

中式吊灯有着闪光金色的边框，精致的布艺灯罩里均匀分布着四盏布艺方灯，光线饱满，柔和舒适，典雅大气。

电视背景墙采用勾缝处理，形成具有现代感的几何形体，工整而简洁。电视柜采用古典的药柜造型，分割明确的抽屉及简洁的回字纹与空间整体的造型特点保持一致，显得更加一体化。为强调其重要性，色调采用比较明艳的琉璃黄色，黄色在中国色彩文化中具有崇高的象征意义。配以鲜艳的中国红花品，光泽饱满、古典大气，洋溢着文化与艺术的气息。

运用新材料，表现传统装饰式样

餐厅旁边是用吊轨做的铁艺推拉门，大胆地采用新式金属材料，窗棂样式蕴含的民族风范体现了设计者对东方文化的感悟；小面积运用中国红稍做点缀，色彩和工艺具有独特的味道与气质，体现了中国传统文化的内涵。家具形态虽然简约，但在细节上点缀着花鸟装饰，为该空间的传统定位增色不少。

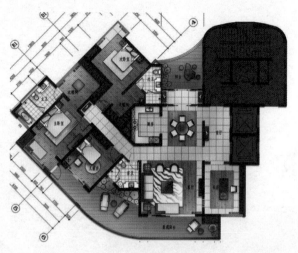

平面布置图

借助光线和造型，丰富茶室墙面层次

茶室的背景墙采用几何造型，精心设计的橱柜内点缀着多种茶具及茶品，并借助光线及立体的形态，丰富了墙面的层次。八足圆凳的样式介于圆凳与坐墩之间，线条简洁，为了增加家具的舒适性，在圆框上方设有软包。围合着束腰造型的茶桌，营造了具有古典气息的茶室气氛。红漆托盘搭配明亮的花品，为空间注入了一丝活泼灵动的气息。

运用柔和的暖色系，彰显空间的休闲与舒适

两间卧室的设计呈现出截然不同的装饰意象。一间卧室侧重休闲舒适的氛围，整体配色相对低调，以柔和的暖色系进行搭配，细节方面多采用含蓄的表现手法，如背景墙固然采用了丰富的花鸟图案，但画面整体色彩却被控制在相对和谐的米色中。地毯相对简洁，曲线状的纹理若隐若现。装饰注重舒适性和含蓄感，使用者可慢慢体味空间的"装饰乐趣"。另一间卧室侧重营造明艳的视觉效果，如高纯度的红色出现在地毯、窗帘、床头等位置。因卧室功能的不同，这些红色被有效地控制在线条中。另外，多元化的花格丰富了装饰的造型，尤其是床头位置采用黑色菱花，进一步强化了空间的视觉焦点。

蒙顶墅 /
贤居观四季

项目名称： 东科原山墅别墅示范区 22 号
设计单位： ASD 联筑设计机构
设计师： 熊鋆
项目面积： 350 平方米

入户客厅并不大，只供稍做休息。孔雀蓝、朱红、明黄等各种色彩的点缀，使空间"春意盎然"。

得天独厚的自然环境在一定程度上影响了该空间的设计效果，促使设计者将一种山居生活状态融入空间中，在表现手法上，简洁的形态与自然元素相结合，搭配明艳的色彩，营造了舒适的空间氛围。

在客厅的设计上，无论是方正的书井、四扇高耸的折屏，还是厚重简约的沙发，都采用了简洁的直线造型及庄重的布局方式，空间效果较为规则。尤其是书井内，多组线装书籍的摆放更加强了这种效果，而顶部银镜的"延伸"，使空间愈发大气。为了缓解室内装饰的严肃感，进行了一定程度的色彩协调。屏风上绘制着红叶，令人赏心悦目。两个蓝色低柜、茶几中央的摆花及高低错落的青瓷器皿，与红叶色彩形成了对比，为客厅营造了更加丰富的色彩效果。

餐厅延续了这种方正的布局方式，依旧以装饰元素加以协调。莲形瓷器均匀地码放在灯饰之上，木制花器中插入了一株白色的花品，搭配洁净的白瓷餐具，显得优雅而休闲。垂帘采用朴素的布艺材质，为餐厅增添了一丝柔和舒适的感觉。餐桌延伸至窗外，一个身着古装的木雕人偶安静地置于餐桌的一端，双手合十，念念有词，为空间注入了几分情趣。

老人房采用了相对柔和的配色，地毯松软的材质搭配低纯度的橙色，制约了装饰纹样的跳跃。床品具有丰富的色彩层次，却因为恰到好处的纯度及明度的控制而显得宁静舒适。背景墙上的四扇窗格成为空间的视觉焦点，并充满古典韵味。两个梅瓶造型的台灯延续着这种感觉。

主卧的设计更加庄重低调，麻质的方形灯罩在光线的照射下，呈现出丰富的质感，含蓄地体现了墙面壁纸的自然触感。这与丝质靠枕形成了鲜明的材质对比，又因明度的反差使床与墙壁适当地拉开了"距离"。金属框围的画品为空间增添了一种现代设计味道，丰富的笔触与高纯度的黄色形成了强劲的视觉张力。床上随意地摆放着白色托盘；书斋中常见的毛笔、印盒与几叠折页为空间注入了一丝休闲气息，并柔化了庄重的室内布局。

书房充满浓郁的古典韵味。背景墙仿照园林设计，以月亮门的造型衬托画品；在画品的题材上，几只苍劲的虬干衬托着点点寒梅，使人联想到"竹外疏花，香冷入瑶席"的意境。

家具为一套典型的明式家具，正中摆放舒适简约的圈椅，以牙扶手圆劲有力，白色混油涂饰颇为淡雅。平头案简洁齐整，棱角分明，腿下以托子加强稳定之感，是一种极具代表性的明式家具样式，简洁流畅的形态与整体空间异常协调。米色的地毯以狂草装饰，为空间注入了一丝写意的气息。

负一层的整体设计极具人文气息。随形茶台搭配木墩，清新古朴。陈设于一旁的落地灯形状古拙，富有动感。茶台上的陈设颇具禅味。青瓷所制的茶壶及茶盏搭配香炉，便于人们梵香品茗。一件以嵇康为原型的青瓷人偶，体现了设计者对魏晋风度的向往。

藤草蒲团围合着方正的茶台，一盘盛花点缀其中，人们可以席地而坐，清逸洒脱。背景墙以竹叶挂饰造境，以现代手法演绎山居之趣。三幅竖向挂屏以淡远的水墨画营造了辽远的空间效果，似有元代画品之意韵。

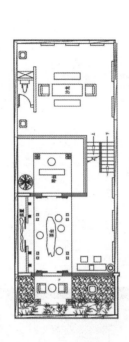
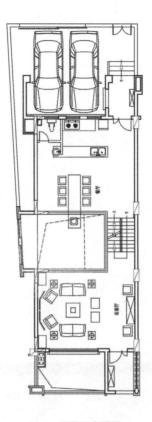
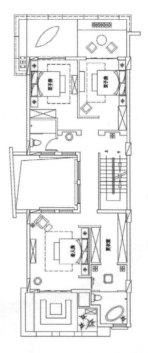
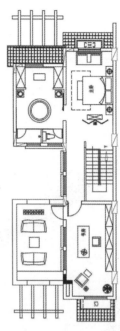

负一层平面布置图　　　　一层平面布置图　　　　二层平面布置图　　　　三层平面布置图

意境的营造

项目名称： 融林星海湾样板房
设计单位： 品川设计
设计师： 林金华
项目面积： 200 平方米

提取传统中式精髓，摈弃沉重的色彩

空间的风格特征并不拘泥于装饰，更多地展现文化的延续、韵味的提升以及意境的营造。中式风格不同于其他，将中国人的含蓄之情和浓厚的文化底蕴展现得淋漓尽致，而新中式风格则提取了传统中式精髓，摈弃了沉重的色彩，让生活在现代城市的人们可以享受民族文化的熏陶，却不会因太过沉重而放弃本真之心，从而彻底地放松身心，净化心灵。

餐厅和客厅相连，视野更加开阔，硬装的设计上把空间的功能区区别开来。以大理石及回字纹拼花铺设过道地面，极具素雅洁净之感，拥有"木中钻石"之称的玛宝木地板铺设于客厅与餐厅之间，形成了围合式布局，让空间显得更加规则温馨。餐厅后面的白色墙面有意做成屏风的样式，用油画模仿国画泼墨的效果，但并不刻意隐藏油画的笔触，看似粗犷，实则为了营造空间肌理感，打造灵动的空间。

合理规划空间是保证空间实用性的前提

空间规划比较合理，动静区域划分明显，保证了空间的实用性。功能布局、动线设计均"以人为本"，儿童房靠近主卧室，方便照顾孩子。该设计最大程度地提升了空间使用率和空间舒适度，其中主卧里的衣帽间和卫生间的设置丰富了空间功能，次卧亦在阳台上设置了卫生间，比较适合老人居住，更加方便。

平面布置图

深色木制餐桌和简约的布艺中式餐椅让空间多了几分简洁与内敛，桌面精致的餐具凸显出业主对细节的追求与对生活品质的要求。置于盆中的白色蝴蝶兰素有"洋兰王后"之称，清雅、智慧、理性，集美好寓意于一身。

卧室的中式意境

经过客厅和餐厅，尽头的第一个房间便是主卧。床头背景墙上装饰着真丝花鸟硬包，充满"春眠不觉晓"的意境。同样的玛宝木地板、同样的实木吊顶线条、同样的实木门框和踢脚线，一切都是彼此呼应的，增强了空间的一体化感觉。床头两边点缀着一点点玫瑰金的镜面，让光影在空间中更加灵动。吊顶和床头背景墙连成一片，把原本不大的空间在视觉上做了延伸。本该是墨荷的画面上，花瓣却偏偏带了一点粉红色，栩栩如生，耐人寻味。

中式风格的装修宛若一首长诗，令人品读不尽，无声地述说业主的悠然自得、高远自在。

写意丝绸
长安

项目名称： 西安乐华公爵庄园样板房
设计单位： 深圳市盘石室内设计有限公司
设计师： 吴文粒 陆伟英
项目面积： 220 平方米

装饰细节恰似装饰空间的抑扬顿挫

有时候，陈设设计更像"作诗填词"，室内空间装饰元素的布局便是诗词作品的"格律"。如会客区采用对称式的布局，严谨庄重，就像一首法度谨严的律诗。家具样式简洁随意，与硬装形成紧密的关联。背景画中几缕诗意般的垂柳将沉稳的格局一笔荡开。地毯纹样形成了斑驳的水印效果，弥补了家具色彩的单调。靠枕的色彩被有效地控制在低纯度的范围之内，虽呈现出明显的色彩变化，却毫无跳跃之感。茶几摆件更加明快精致，苍郁的干枝适当点缀着紫色的花卉，与玻璃制的烛台营造了典雅的氛围；灯具以古铜色装饰，形态方折，具有强劲的视觉张力。

这些细节内容的介入便形成了诗词格律的"顿挫抑扬"。它们不约而同地出现在严谨的布局中，也因各自的装饰个性丰富了空间的内容。

灯光烘托出的贵族气质

餐厅依旧延续会客厅的思路，布局对称，家具形态简约，并未形成过于明艳的装饰效果，而这种配饰的选择使人的视线集中在餐桌上方种种精致的细节。在灯光的作用下，玻璃酒杯与陶瓷及金属相结合的餐具营造了跃动的奢华感，而核心位置花器局部的贴金处理与紫色的叶物彰显出贵族般的气质。

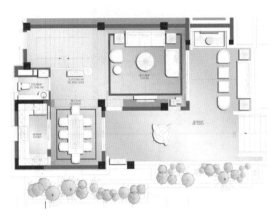

一层平面布置图

二层平面布置图

巧妙运用装饰纹样，表现装饰内涵

梦幻般的设计表现，相较另一间卧室更加明显。在墨洒归云的水墨背景中，秀丽的云卷呈现出丰富的层次。两盏洁净的吊灯映照着摆件。靠枕细腻的锦缎中暗藏着复杂多变的纹样，形成了延绵无尽的美好寓意。

三层平面布置图

负一层平面布置图

品位在细节之处——彰显

卧室的空间效果比较沉稳，采用重点照明的方式，进一步营造了肃穆庄重的氛围。背景墙低调的暖色调中隐隐飘动着祥云纹，如梦如幻。床头柜上的小饰品看似不经意的摆放，实际上有意避免了过于庄重的空间感。水晶壁灯营造了绚丽的光感。床品的肌理丰富了空间的质感，即便是纯白色的床单，依然掩饰不住雍容华贵，品位在细节之处彰显。

图书在版编目（CIP）数据

中式软装：软装配饰实例解析. II / 中装环艺教育研究院编. ——南京：江苏凤凰科学技术出版社，2016.7
ISBN 978-7-5537-6665-2

Ⅰ.①中… Ⅱ.①中… Ⅲ.①住宅－室内装饰设计 Ⅳ.①TU241

中国版本图书馆CIP数据核字（2016）第146376号

中式软装——软装配饰实例解析 II

编　　　者	中装环艺教育研究院
项 目 策 划	深圳海阅通文化传媒有限公司
责 任 编 辑	刘屹立
特 约 编 辑	刘立颖

出 版 发 行	凤凰出版传媒股份有限公司
	江苏凤凰科学技术出版社
出版社地址	南京市湖南路1号A楼，邮编：210009
出版社网址	http://www.pspress.cn
总 经 销	天津凤凰空间文化传媒有限公司
总经销网址	http://www.ifengspace.cn
经 　 销	全国新华书店
印 　 刷	北京科信印刷有限公司

开　　　本	889 mm×1194 mm　1/16
总 印 张	11.75
总 字 数	188 000
版 　 次	2016年7月第1版
印 　 次	2023年3月第2次印刷

标 准 书 号	ISBN 978-7-5537-6665-2
定 　 价	79.00元

图书如有印装质量问题，可随时向销售部调换（电话：022-87893668）。